BEI GRIN MACHT SICH IHR WISSEN BEZAHLT

- Wir veröffentlichen Ihre Hausarbeit, Bachelor- und Masterarbeit

- Ihr eigenes eBook und Buch - weltweit in allen wichtigen Shops

- Verdienen Sie an jedem Verkauf

Jetzt bei www.GRIN.com hochladen und kostenlos publizieren

Impressum:

Copyright © 2015 GRIN Verlag, Open Publishing GmbH
Druck und Bindung: Books on Demand GmbH, Norderstedt Germany
ISBN: 978-3-668-13100-2

Dieses Buch bei GRIN:

http://www.grin.com/de/e-book/314267/einfluss-von-entmineralsiertem-wasser-auf-
keimung-und-wachstum-von-kresse

David Schmid

Einfluss von entmineralsiertem Wasser auf Keimung und Wachstum von Kresse

GRIN Verlag

Experiment Botanikarbeit

David Schmid
NKSA G2E

29. Mai 2015

Inhaltsverzeichnis

1 Vorwort

Im Biologieunterricht haben wir uns intensiv mit Botanik, Pflanzenkeimung und den dazu benötigten Nährstoffen auseinandergesetzt. Um uns auch praktisch und experimentell mit diesen Themen zu befassen dient diese Arbeit die zusätzlich zum Ziel hat das Vorgehen zum Verfassen einer wissenschaftlichen Arbeit.

Für mich ist es zusätzlich eine Gelegenheit die in Wissenschaftskreisen weit verbreitete Textverarbeitungssoftware LaTeX zu erlernen.

2 Einleitung

Durch die Vorgabe, eine Fragestellung zu Keimung und Wachstum anhand eines Experiments
mit der Kulturpflanze Kresse zu Beantworten begab ich mich auf die Suche nach veränderbaren,
abiotischen, Parametern.
Ich entschied mich für einen Versuch mit dem Ziel, die osmotische Wasseraufnahme zu Optimie-
ren.

2.1 Fragestellung

**Welchen Einfluss hat das Gießen mit deionisiertem Wasser auf Keimung
und Wachstum von Kulturpflanzen?**

Ich möchte herausfinden, ob sich durch die Verwendung von entmineralisiertem Wasser Wachs-
tumsvorteile ergeben oder ob sich die fehlenden Nährsalze negativ bemerkbar machen. Inter-
essanterweise ist auf meiner handelsüblichen Flasche "destillatgleiches Wasseräuch Pflanzen als
Verwendungszweck aufgeführt, ob sich dies jedoch auch lohnt soll mit dem folgenden Experiment
ermittelt werden.

2.2 Kurze Einführung zur Osmose

Die Osmose ist in der Natur ein grundlegender Mechanismus zur Regulierung des Wasserhaus-
halts von Lebewesen bzw. deren Zellen. Lösungsmittel, in der Biologie insbesondere Wasser,
können semipermeable Membranen wie die Zellmembran aufgrund von unterschiedlichen Kon-
zentrationen an gelösten Ionen passieren, um das Ungleichgewicht im Intra- und Extrazellular-
raum auszugleichen. [2](eigene Übersetzung)

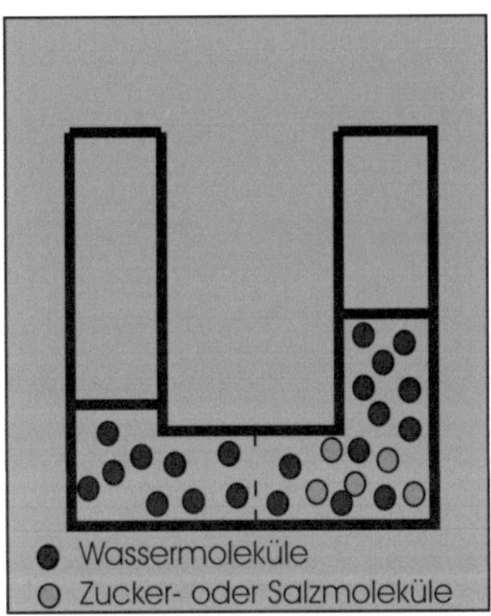

Abbildung 1: Deplasmolyse aus Biologieunterlagen [5]

Befindet sich nun außerhalb der Zelle gar keine Nährionen so muss auch noch mehr Wasser
aufgenommen werden, um das Konzentrationsgefälle auszugleichen.

3 Methodik

3.1 Material

- Untersetzer Standard ca 18cm Durchmesser

- Primella Kosmetik und Hygiene Watte

- belplanto Kresse Samen

- M Classic Destilatgleiches Wasser

    Durch Ionenaustausch und Umkehrosmose voll entsalzt und entmineralisiert.

- Leitungswasser aus Grundwasserstrom Staufen

    Wasserhärte 28,6 französische Härtegrad [4]

- Messbecher

- Digital Spiegelreflexkamera Sony Alpha 35

- Stativ Hama star 700

siehe Abbildung 2

Abbildung 2: eingekaufte Materialien [3]

3.2 Vorgehen

3.2.1 Vorbereitung

Die beiden Untersetzer habe ich mit einem kleinen Zettel markiert um eine Verwechslung zu verhindern. Anschließend wurden sie mit etwas Watte ausgelegt und die Samen gleichmäßig auf Test- und Kontrollgruppe aufgeteilt. (Abbildung 3)

Abbildung 3: Schritt 1 - Markierte und mit Watte ausgelegte Untersetzer[3]

3.2.2 Bewässerung

Die erste Bewässerung wurde mit je 2 dl vorgenommen, anschließend wurden beide Gruppen mit 1 dl pro Tag gegossen. In Abbildung 4 ist das erste Gießen zu sehen.

Abbildung 4: Schritt 2 - Kresse gestreut und bewässert[3]

3.2.3 Messung

Die Messung erfolgte jeweils Täglich um 20.00 vor der Bewässerung. Gemessen wurde die Länge der Gräser ab Oberfläche der Watteeinlage.

4 Resultate

Ich habe jeden Tag gemessen, fotografiert und den aktuellen Zustand schriftlich Dokumentiert. Auf Messfehler oder mögliche Ungenauigkeiten wird in Kapitel 5.2 eingegangen.

4.1 Werte

	Versuchsgruppe	Kontrollgruppe
Tag 1	0	0
Tag 2	0	0
Tag 3	1	0.7
Tag 4	1.8	1.7
Tag 5	2.9	3.9
Tag 6	4.3	5
Tag 7	5.2	6

Rohdaten in cm.

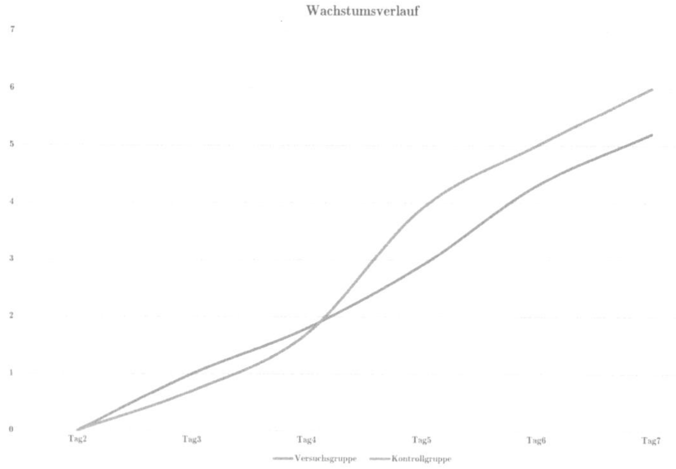

Abbildung 5: Wachstumsverlauf [3]

4.2 Tag 1

Abbildung 6: Zustand nach einem Tag [3]

Die Samenschalen brechen auf, erste Wurzeln sind erkennbar. Bisher zeichnet sich aber kein Unterschied zwischen Versuchs- und Kontrollgruppe ab.

4.3 Tag 2

Abbildung 7: Zustand am zweiten Tag [3]

Am zweiten Tag sind bereits Wurzeln von ca. 10mm Länge sichtbar. Optisch scheinen diejenigen der Versuchsgruppe etwas länger zu sein bzw. an der Oberfläche besser sichtbar. Tatsächlich erkennt man bei genauerem hinsehen dass die Wurzeln der Versuchsgruppe weniger weit bis gar nicht in die Watte hinein gehen, sie liegen oftmals frei herum. Dieser Unterschied lässt sich in Abbildung 16 erkennen.

4.4 Tag 3

Abbildung 8: Zustand am dritten Tag [3]

Innerhalb von nur 24 Stunden fand ein enormes Wachstum der Blätter und Stängel statt. Frappierend fällt jedoch die Unregelmäßigkeit der Versuchsgruppe auf. Die Einzelnen Stängel haben keinen festen halt in der Watte, viele liegen quer anstatt gerade in die Höhe zu wachsen. In der Gesamten Länge sind sie hingegen etwas länger als die Kontrollgruppe.

4.5 Tag 4

Abbildung 9: Zustand am vierten Tag [3]

Alle Pflanzen wachsen weiter. Die Blätter sind nun überall freigelegt und saftig grün. Die offensichtliche Schwäche der mit entmineralisiertem Wasser gegossenen Stängel zeichnet sich weiter ab. Schon nur durchs Gießen werden sie umgedrückt und richten sich nicht wieder auf.

4.6 Tag 5

Abbildung 10: Zustand am fünften Tag [3]

Fortgesetztes Wachstum beider Gruppen, jedoch schneller bei der Kontrollgruppe. Von der Versuchsgruppe ist ein unangenehmer Geruch festzustellen, es zeigt sich, dass dieser vom Wasser ausgeht. Weitere Untersuchungen zum Wasser konnte ich leider nicht anstellen.

4.7 Tag 6

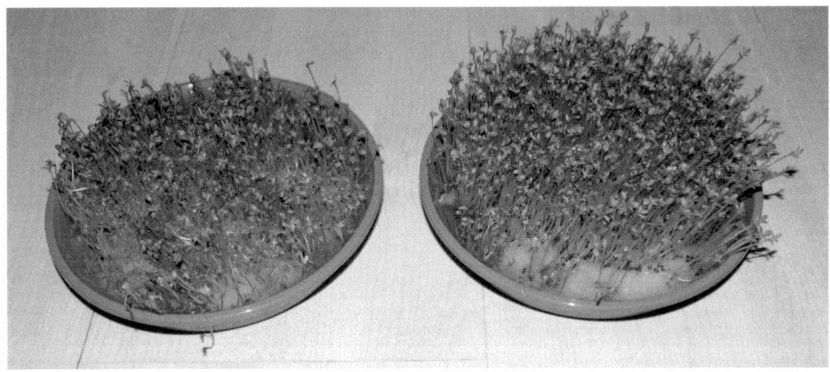

Abbildung 11: Zustand am sechsten Tag [3]

Der Geruch intensiviert sich, so auch das Chaos in der Versuchsgruppe. Ansonsten ist überall weiteres Wachstum zu beobachten.

4.8 Tag 7

Nach einer Woche beende ich das Experiment, da ein ausreichender Unterschied sichtbar wurde und die Kresse nun zu Verzehr geeignet wäre. Ich messe ein letztes mal die Höhe wobei die Kontrollgruppe ihren Vorsprung behält. Auch eine letzte fotografische Dokumentation habe ich heute unternommen und das Experiment somit erfolgreich abgeschlossen.

Abbildung 12: Geschwächte Pflanzen in der Versuchsgrupp e[3]

Abbildung 13: dichte und saftig grüne Pflanzen in der Kontrollgruppe [3]

5 Diskussion

5.1 Interpretation

Die Resultate zeigen, dass Pflanzenkulturen welche nur Zugang zu künstlich reinem, sprich entionisiertem Wasser haben klare Mangelerscheinungen aufweisen. Dies führe ich auf den durchaus erwarteten Nährstoffmangel zurück. Denn da ich auch keine mineralienhaltige Erde sondern nur Watte verwendete gab es für die Kresse keine externe Nahrungsquelle. Einzig die im Samen gespeicherten Vorräte werden umgesetzt was erklärt, dass der Mangel anfangs nicht in Erscheinung trat. Die erhöhte Wasseraufnahme durch verstärkte Ionen Konzentrationsgefälle führte gar zu einem kleinen Wachstumsvorsprung der jedoch alsbald im Nährsalzmangel versandete. Durch Recherche auf verschiedenen Botanik-Foren habe ich zudem herausgefunden, dass deionisiertes oder gar destilliertes Wasser immer entweder als Mix mit Leitungswasser oder mit Nährstoffergänzungen verwendet werden und niemals so wie in meinem Experiment.

5.2 Fehlerquellen

Meine Versuchsanordnung ermöglichte nur seine sehr ungenaue Vermessung des Stiels. In einem anderen Experiment mit Kresse habe ich einen Versuch gefunden, bei dem die Einzelnen Samen separat auf Kaffeefilter ausgelegt wurden. So lassen sich die Länge von Wurzel und Stängel exakt und aussagekräftig Ermitteln.

Abbildung 14: alternative Versuchsanordnung einer deutschen Gymnasiastin [1]

Mit einer kleineren aber exakten Menge Samen hätte ich zusätzlich nicht nur qualitative sondern auch quantitative Aussagen machen können, was durch meine sehr große Zahl nicht möglich war.

Literatur

[1] Paul-Natorp-Gymnasium. *Experiment von Sarah.* Deutsch. URL: http://www.natorp.de/faecher/biologie/projekte/wachstum-kresse/einfluss-der-fluessigkeit.html.

[2] Jane B. Reece u. a. *Campbell Biology (10th Edition).* Englisch. PEARSON, Benjamin Cummings, 2013. ISBN: 978-0-321-77565-8.

[3] David Schmid, Hrsg. *Eigene Fotografien.*

[4] Gemeindeverwaltung Staufen. *Homepage Gemeinde Staufen. Wasserversorgung.* URL: http://www.staufen.ch/xml_1/internet/de/application/d6/f36.cfm.

[5] Dr. Benno Wullschleger. *Biologieunterlagen. Plasmolyse und Deplasmolyse.ppt.* 2013.

Abbildungsverzeichnis

6 Anhang

Abbildung 15: Nahaufnahme Versuchsgruppe (oben) und Kontrollgruppe (unten) am zweiten Tag [3]

Abbildung 16: Nahaufnahme Versuchsgruppe (oben) und Kontrollgruppe (unten) am fünften Tag [3]